RENÉ QUINTON

DANS LA MÊME COLLECTION

10/ — ...

Deuxième partie. — Cette origine aquatique de tous les Mammifères

Animaux qui ont une Origine marine.

Dans notre ... l'eau ...

... eau douce et la terre ...

... marine ... Mais ... toute ... réflexion ...

... comprendre que la ... l'eau ... de ...

... marine. D'abord ... dans sa ... l'eau seule ...

habitable ... un milieu qu'il est évaporé ...

... Que y retourne ... ...

... ... existence ... continuait ...

... un instant ... que ...

+ l'usage constant que ... le ... tout ce qu'...

+ Son existence est ... étant occasionnelle, elle ... ... ligues de

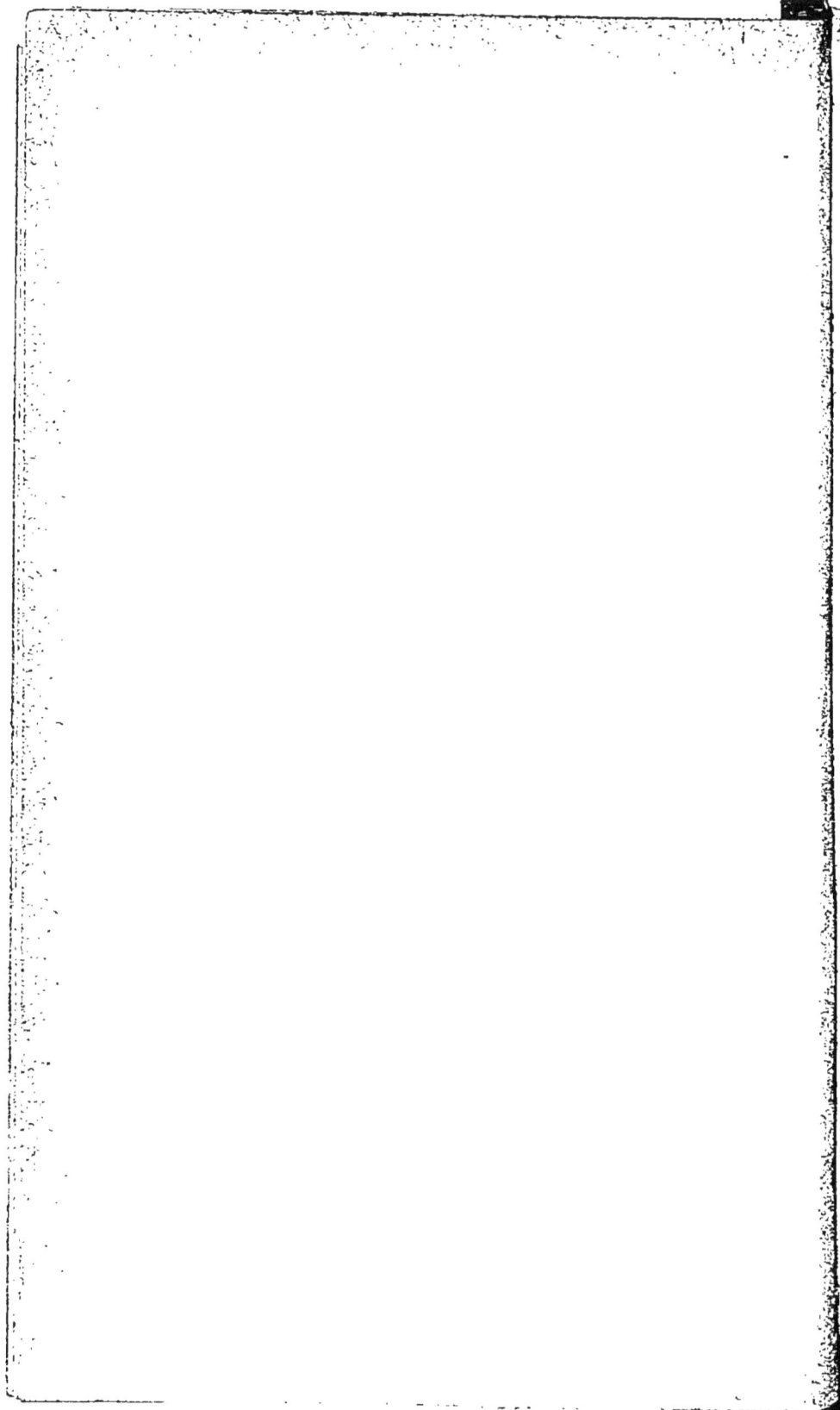

LES HOMMES ET LES IDÉES

René Quinton

Origines marines de la vie
Lois de Constance originelles

PAR

LUCIEN CORPECHOT

AVEC UN PORTRAIT ET UN AUTOGRAPHE

PARIS

MERCVRE DE FRANCE

XXVI, RUE DE CONDÉ, XXVI

—

Tous droits réservés

La thérapeutique a fait un usage si utile des découvertes de Quinton, que ce nom lié à la pratique des injections d'eau de mer est presque universellement connu. Par une rencontre rare dans l'histoire des sciences, les travaux purement scientifiques d'un homme ont trouvé une application pratique immédiate. Et les guérisons obtenues dans les dispensaires marins ont plus fait pour la notoriété du savant que les grandes vues ouvertes par lui sur les conditions dans lesquelles la vie fit son apparition à la surface du globe et s'y perpétue.

Si importante que soit la méthode thérapeutique proposée par Quinton, et si grand que puisse devenir le soulagement qu'elle apporte aux misères humaines, elle ne saurait cependant faire oublier la construction scientifique dont elle reste une dépendance.

En situant cette œuvre à son rang, nous ferons connaître la qualité de l'esprit qui l'édifia, mieux que par des détails biographiques.

I

Nous réunissons, sous le nom de savants, des esprits d'un ordre très différent. Il existe réellement deux sciences. L'une fouille le détail, découvre dans un ensemble déjà connu un fait ignoré qui y participait. Les savants de cette école procèdent par analyse. Ils se bornent le plus souvent à démonter et à exposer le mécanisme des phénomènes sans les situer dans l'univers, sans expliquer leur propre contingence, leur place dans le monde, le sens et la raison de cette place.

L'autre science s'attaque à la construction même des sphères. Elle découvre les ensembles, elle nous fournit une conception probable d'une partie de l'univers. Toute faite de synthèse, elle lie le phénomène qu'elle observe au reste du monde et l'explique dans sa situation cosmique.

Ainsi Cuvier, sur un seul ossement retrouvé, reconstitue les formes éteintes, et, d'après cet unique document, ranime là vie morte du globe et nous en livre l'histoire étagée.

Auquel de ces deux ordres de science convient-il de rattacher les travaux de Quinton ?

Ces travaux jettent un pont entre deux mondes dont le rapprochement confond : le monde

tel que notre imagination, prise du vertige des
temps, peut à peine le concevoir, à l'époque où
la vie sous forme de cellule apparaît sur le
globe, entièrement couvert par l'eau des océans,
et le monde vivant tel que nous le voyons aujourd'hui dans sa complexité, avec toutes ses
manifestations en apparence si éloignées du
monde primitif.

Entre les conditions intimes qui présidèrent
à la vie de la première cellule, perdue au milieu
des mers, et celles qui assurent l'activité de
l'homme ou de l'oiseau, Quinton fait éclater un
rapport d'identité jusqu'alors invisible et tout
à fait inattendu.

La théorie évolutionniste en honneur condui-
sait jusqu'à présent les savants à regarder les
organismes comme s'écartant plus profondé-
ment chaque jour de leur milieu originel. Quinton montre, au contraire, chez tous les êtres
vivants, une tendance et une puissance extrêmement fortes à maintenir invariables les conditions primitives de la vie.

La première cellule animale apparaît aux
environs de l'époque précambrienne. C'est un
organisme marin. L'eau des océans dans laquelle
elle baigne a une concentration saline de 8 gr.
pour 1.000, la température de cette eau de mer
est d'environ 44°.

Si nous passons par-dessus tous les temps géologiques pour arriver à nos jours, par-dessus toute la série zoologique pour interroger le représentant le plus récent du règne animal : l'oiseau, et si nous cherchons dans quelles conditions de milieu se poursuit sa vie cellulaire, nous découvrons que ses cellules vivent dans un plasma sanguin, lymphatique, interstitiel qui est exactement de l'eau de mer ; la concentration saline de ce plasma marin est de 8 grammes pour 1.000, sa température de 44°.

Malgré toutes les apparences, en dépit des millénaires et des bouleversements terrestres, il y a donc identité entre les conditions de milieu présidant à la naissance de la première cellule animale et celles qui régissent l'existence des cellules constituant aujourd'hui les organismes les plus récents et les plus différenciés.

Ce rapprochement entre deux séries de faits si éloignés et le souci de les relier sur le plan de l'univers a conduit Quinton à la découverte d'un des rythmes essentiels de la nature.

On nous apprenait que la vie n'avait pu se maintenir sur le globe que grâce à une adaptation perpétuelle des espèces au milieu extérieur, grâce à une évolution et à une transformation constantes. « Vivre, disait-on, c'est changer.» Or, de l'époque précambrienne à nos jours, rien n'est changé dans les conditions intimes, essentielles, qui rendent possible l'activité organique. Elles demeurent toujours identiques à elles-mêmes.

Cette identité, Quinton démontre qu'elle n'est pas l'effet d'un hasard. Elle n'est pas la conséquence d'un concours de circonstances qui l'expliquerait fortuitement ; mais l'effet « d'un maintien *actif, volontaire,* réalisé à travers toute la série évolutive et tous les temps géologiques ».

Bien plus, cette tendance à maintenir les conditions originelles ne résulte pas d'un principe aveugle de conservation ou d'inertie, elle vise « un but *pratique, intéressé,* de la plus haute importance : la vie intensive des cellules animales ». La loi essentielle de la nature, son rythme fondamental n'est donc pas le changement, l'évolution, mais la constance.

Quinton établit, en effet, que la vie cellulaire intensive n'est possible que dans certaines conditions de milieu qui sont : milieu aquatique marin ; concentration saline de ce milieu : 8 grammes pour 1.000 ; température : 44°. Chaque fois qu'une de ces conditions vient à manquer, la fonction vitale pâtit, la cellule tombe à un état de vie ralentie.

C'est donc pour « conserver le phénomène

cellulaire dans son activité maxima qu'en face des variations cosmiques et vis-à-vis de l'hostilité croissante du monde ambiant, la nature, par un effort impressionnant, a tendu à maintenir autour de la cellule les conditions des origines, les seules qui lui permettent le fonctionnement intensif, intégral ». La loi générale de la vie est une loi de constance originelle. Quinton la formule ainsi :

En face des variations de tout ordre que peuvent subir au cours des âges les différents habitats, la vie animale, apparue sur le globe à l'état de cellule, dans des conditions physiques et chimiques déterminées, tend à maintenir à travers la série zoologique, pour son haut fonctionnement cellulaire, les conditions des origines.

Cette loi porte en elle une explication nouvelle de l'univers organisé, une histoire cohérente et complète de la vie depuis son apparition sur le globe jusqu'à nos jours.

Si elle possède de solides assises expérimentales, si elle n'est pas seulement l'expression d'une vision hardie, mais hasardée et aventureuse du monde biologique, elle relève de cette science qui découvre les ensembles et donne aux phénomènes un sens nouveau.

Après avoir montré que l'œuvre de Quinton ne nous place pas, comme l'ordinaire des tra-

vaux scientifiques, en présence de découvertes
de détails, mais devant une synthèse ne tendant à rien moins qu'à nous fournir une conception nouvelle de la nature, il nous reste donc
à vérifier sa légitimité et à suivre le savant dans
ses démonstrations.

La loi générale de constance originelle repose
sur trois lois partielles : la loi de constance
marine, la loi de constance thermique et la loi
de constance osmotique ou saline.

Pasteur disait qu'il faut tenir pour établie une
loi scientifique qui « permet de prévoir ». Quinton prenant l'une après l'autre les trois hypothèses de constance originelle telles qu'elles se
posaient quand il les conçut, a montré, dans
une conférence faite à la Société de philosophie :

1° les faits nouveaux qu'elles donnaient à
prévoir ;

2° l'invraisemblance de ces faits dans l'état
présent des connaissances ;

3° leur réalité établie par l'expérimentation.

L'hypothèse de la constance marine nécessite
un ordre de faits que la science n'avait pas encore relevé, à savoir : le maintien du milieu marin originel comme milieu vital des cellules chez
les invertébrés marins, chez les invertébrés
d'eau douce et aériens, enfin chez les vertébrés.

Quinton commence par démontrer que, chez

l'invertébré marin, ce maintien est assuré par
la faculté propre à l'animal d'être perméable à
l'eau et aux sels. Au premier stade organique
les êtres sont constitués par de minces feuillets
de cellules tenus en contact direct avec l'eau de
mer (éponges, coraux, étoiles de mer, etc..).

Par la suite la nature a peuplé les océans
d'organismes de plus en plus compliqués, de
plus en plus indépendants de leur milieu. Elle
les a vêtus de carapaces (crustacés), de coquilles
propres à les défendre contre l'hostilité du
monde extérieur (huîtres, moules, etc.), elle les
a fermés anatomiquement au milieu marin ;
mais Quinton montre que, malgré la résistance
et la trempe de cette armure, elle reste perméable à l'eau et aux sels qui apportent à cha-
cune des cellules de l'organisme la possibilité
de vivre.

Que va-t-il donc se passer quand les êtres vivants abandonneront l'habitat marin ? L'hypothèse de Quinton exige une sorte de miracle,
un renversement des lois jusqu'alors connues.
L'invraisemblance des faits qu'elle nécessite
nous avertit que nous nous trouvons en un de
ces lieux scientifiques où une vue de l'esprit
s'infirme d'elle-même ou bien se vérifie d'une
façon cruciale par, la réalisation jugée invraisemblable d'une de ses prévisions.

Un drame intellectuel va se jouer devant nous. Des faits insoupçonnés vont venir confirmer une hypothèse à l'encontre de toutes les idées établies. Nul criterium de vérité plus sûr et plus rigoureux.

La perméabilité des invertébrés marins à l'eau et aux sels avait été démontrée par une série d'expériences menées par Quinton en 1898 au laboratoire de Saint-Wast-la-Hougue. Ce savant raconte qu'il communiqua ses observations à M. Edmond Perrier, qui se trouvait au laboratoire. Le directeur du Muséum lui fit aussitôt remarquer que ce pouvoir osmotique, mis en évidence chez les invertébrés, s'il tendait à prouver la rigueur de la loi de constance tant qu'on n'observait que les invertébrés marins, allait au contraire l'infirmer dès qu'on s'adresserait aux invertébrés d'eau douce.

Si un fait paraissait alors bien établi, c'était celui-ci : une même anatomie commande une même physiologie. Donc si l'invertébré marin était perméable au milieu extérieur, l'invertébré d'eau douce, dont l'anatomie était la même, demeurait nécessairement soumis à la même loi physique de perméabilité. Le homard, en devenant écrevisse, ne changeant point d'anatomie, devait conserver les mêmes facultés physiologiques. L'écrevisse, vivant dans un milieu d'eau douce, devait avoir pour milieu de ses cellules ce milieu dessalé. L'hypothèse de constance marine nécessitait un phénomène tout à fait invraisemblable, à savoir : que deux êtres ayant une même anatomie eussent une physiologie différente, qu'un crustacé passant de l'Océan aux eaux fluviales dérogeât à la loi d'osmose, et se fermât au milieu extérieur pour conserver en soi un véritable « aquarium marin » où ses cellules continueraient à vivre la vie marine des origines.

Or, c'est l'invraisemblance nécessitée par l'hypothèse de constance marine qui est la **vérité.**

Le sang de l'écrevisse présente, au point de vue minéral, une composition chimique identique à celle de l'eau de mer; l'animal est absolument imperméable au milieu dans lequel il vit. Quinton a pu sursaler dans des proportions considérables l'eau dans laquelle on place une écrevisse sans agir d'une façon sensible sur la concentration saline intérieure de l'animal.

Ainsi l'invertébré ne quitte les mers et ne passe dans les eaux douces qu'en acquérant un pouvoir nouveau que rien ne donnait à prévoir avant que fût posée l'hypothèse de constance marine.

Chez l'invertébré vivant sur la terre, chez

l'escargot, par exemple, tout se passe comme chez les invertébrés d'eau douce.

Nous arrivons au groupe des vertébrés. Il contient les organismes les plus éloignés de la souche marine, les plus différenciés : l'homme, l'oiseau, les êtres chez lesquels le milieu vital a pu subir les plus grandes modifications. C'était dans cet embranchement que le maintien du milieu marin originel comme milieu vital des cellules semblait le plus douteux. Or, nous allons le voir, c'est chez les vertébrés que l'expérience physiologique et l'analyse chimique font ressortir d'une façon particulièrement forte la persistance du milieu marin originel.

Si l'hypothèse de constance marine est exacte, s'il y a équivalence entre le plasma sanguin et l'eau de mer, on doit pouvoir impunément retirer une partie du plasma sanguin d'un animal, puis le remplacer par une quantité égale d'eau de mer. De même on doit pouvoir impunément injecter un organisme d'une quantité considérable d'eau de mer. On doit pouvoir encore retirer du sang de l'animal certaines de ses cellules, les transporter dans un milieu marin, et la vie de ces cellules doit continuer.

C'est ce que Quinton vérifia dans des expériences devenues classiques. Il put saigner un

2

chien à blanc, c'est-à-dire l'amener à un stade voisin de la mort, puis lui rendre la vie, l'aisance de ses mouvements, en lui injectant aussitôt une quantité d'eau de mer égale à celle du sang enlevé. Huit jours après cette expérience, les chiens ainsi opérés présentaient un aspect plus vif qu'avant la saignée ; ils avaient reconstitué, et au delà, toute l'hémoglobine perdue.

D'autre part, Quinton a pu faire impunément à des chiens des injections marines portées jusqu'à 81 p. 100 de leur poids ; le docteur Hallion a même été jusqu'à injecter 104 pour 100 de son poids à un chien, c'est-à-dire un poids d'eau de mer supérieur au poids du corps de l'animal, et cela en quelques heures, sans que l'organisme présentât aucun trouble sérieux.

Quinton a pu prélever, chez des individus appartenant à toutes les classes de l'embranchement des vertébrés, un organisme des plus délicats, le globule blanc du sang, si fragile que la science n'était jusqu'alors parvenue à le faire vivre dans aucun milieu artificiel, et le transporter dans l'eau de mer, où il donna tous les signes d'une existence normale.

L'expérience physiologique affirme donc la persistance du milieu marin originel, comme milieu vital des cellules organiques, à travers tout l'embranchement des vertébrés.

L'analyse chimique confirme ces expériences, elle témoigne de l'identité au point de vue minéral du plasma sanguin et de l'eau de mer. Et, nouvelle preuve de la fécondité d'une vue juste, ces analyses amenèrent Quinton a découvrir la présence jusqu'alors insoupçonnée dans l'organisme de douze corps simples.

Comme les vertébrés supérieurs (mammifères, oiseaux) sont, de tout le règne animal, les organismes doués de la plus grande puissance vitale, c'est-à-dire, ceux chez lesquels les cellules rencontrent évidemment les conditions les plus propices, le fait que la condition marine est au nombre de celles-ci revêt la plus haute signification.

Enfin il existe des animaux vivants témoins de la déchéance des êtres qui n'ont pas su garder le milieu marin originel comme milieu vital de leurs cellules.

L'anodonte, qui est une moule d'eau douce, n'a pas su se fermer osmotiquement au milieu extérieur, comme fit l'écrevisse; le milieu vital de ses cellules n'est plus que de l'eau douce. Quinton prévoyait que, par ce fait même, l'anodonte devait vivre d'une vie ralentie. Il avait consigné cette prévision dans son livre (1)

(1) *L'Eau de mer milieu organique*, Masson, édit., 1904.

sans pouvoir la vérifier faute d'animaux d'expérience.

Or, en 1905, il put entreprendre, avec M. Jacques Aymot, une série d'expériences sur les anodontes qui lui donnèrent le résultat prévu. Alors que par kilogramme d'animal et par heure, l'écrevisse ou le poisson brûlent de 90 à 150 milligrammes d'oxygène, preuve de leur haute activité cellulaire, l'anodonte ne brûle que la quantité absolument insignifiante de 4 milligrammes, soit 20 à 35 fois moins, toutes les conditions d'expérience étant égales.

L'hypothèse de constance marine ainsi vérifiée prend force de loi et nous pouvons tenir, pour établi que *la vie animale, apparue à l'état de cellule dans les mers, a toujours tendu à maintenir pour son haut fonctionnement cellulaire, à travers la série zoologique, les cellules composant chaque organisme dans un milieu marin.*

A côté de cette loi de constance marine, Quinton formule ainsi la loi de constance thermique :

En face du refroidissement du globe, la vie animale, apparue par une température déterminée, tend à maintenir pour son haut fonctionnement cellulaire, chez des organismes indéfiniment suscités à cet effet, cette température des origines.

La vie a dû faire son apparition sur le globe par une température voisine de 44°. C'est la température la plus favorable aux actes vitaux. C'est également la plus élevée de celles que puisse admettre la cellule animale. Les organismes naissant durant cette période ont dû trouver dans le milieu extérieur les conditions thermiques nécessaires à la vie. Les animaux qui sont apparus sur le globe à cette époque de haute température ont dû être des animaux que nous appelons à sang froid, dont la température est celle du milieu; ce sont, par exemple, les reptiles.

Mais le globe se refroidit et tomba à 42°. Les reptiles équilibrés thermiquement au milieu ont dû tomber à 42°. Quand le globe se refroidira à 40°, à 35°, à 30°, à 20°, etc., les reptiles toujours équilibrés au milieu, incapables d'élever leur propre température, tomberont également à 40°, à 35°, à 30°, à 20°, etc.

C'est alors qu'ont dû apparaître les animaux à sang chaud. En face du refroidissement *progressif* du globe, il a dû se produire un échauffement *progressif* du sang, permettant à la cellule animale son fonctionnement intensif, possible aux seules températures voisines de 44°.

De nouvelles espèces ont dû apparaître, douées du pouvoir d'élever leur température de façon à récupérer la chaleur perdue par le globe.

La température du globe tombe de 44° à 42°; un organisme nouveau devait être suscité, capable d'élever la température de ses tissus de deux degrés au-dessus de celle du milieu extérieur et de maintenir par conséquent, pour sa vie cellulaire, dans un milieu à 42°, une température de 44°.

La température du globe tombe à 40°. L'organisme précédent, qui n'a la faculté d'élever sa température que de deux degrés au-dessus du milieu, ne possède plus pour ses tissus qu'une température de 42°. Mais un nouvel organisme dut être suscité, capable d'élever sa température de quatre degrés au-dessus du milieu et de maintenir par conséquent, pour sa vie cellulaire, une température de 44° dans un milieu tombé à 40°.

La température du globe tombe à 35°, à 30°. Les organismes précédents, doués d'un pouvoir calorique insuffisant pour récupérer les 44° originels, subissent une chute thermique et par conséquent déchoient. Mais de nouveaux organismes doivent être indéfiniment suscités, capables, en face du refroidissement croissant du globe, d'élever toujours la température de leurs tissus d'un nombre de degrés suffisant pour maintenir chez les derniers apparus la température originelle de 44°.

Cette hypothèse à la fois si simple et si complexe nécessitait un enchaînement de faits précis, — invraisemblables dans l'état où elle trouvait les connaissances scientifiques.

La paléontologie affirmait bien le refroidissement progressif du globe; les animaux à sang froid se trouvaient bien les seuls habitants des terrains primaires, les reptiles les seuls représentants du groupe des vertébrés aériens.

Mais il fallait :

1° Que les mammifères et les oiseaux s'échelonnassent thermiquement avec une parfaite exactitude selon l'ordre de leur apparition sur la terre ;

2° Que les plus anciens des vertébrés à sang chaud aient une température spécifique presque reptilienne, n'excédant que de quelques degrés celle du milieu extérieur ;

3° Que la température fût peu à peu croissante chez les organismes de moins en moins anciennement apparus ;

4° Que les organismes les plus récemment apparus eussent une température voisine de 44°.

Or, à l'époque où Quinton formula son hypothèse, on tenait pour établi que *tous* les mammifères avaient une température comprise entre

37° et 39°, et *tous* les oiseaux entre 42° et 44°.

L'hypothèse de constance thermique exigeait au contraire que les mammifères les plus inférieurs, c'est-à-dire les monotrèmes, eussent une température à peine supérieure à celle du milieu ambiant. Les marsupiaux, ainsi que les édentés, devaient n'avoir également qu'une température très basse. De même dans le groupe des oiseaux, les ratites, plus anciens, devaient présenter une température notablement inférieure à celle des carinates.

Avant de commencer ses expériences, Quinton indiqua à quelques savants, à Marey, au professeur Ch. Richet, à Milne-Edwards, l'échelonnement thermique et les températures qu'il devait trouver. Le professeur Richet, un spécialiste dans la question de la chaleur animale, lui répéta ceci, qu'il tenait pour acquis : « Tous les mammifères ont une température comprise entre 37 et 39° », et il lui déclara que ses prévisions ne pouvaient être qu'illusoires.

La réponse des faits fut celle-ci : l'ornithorynque et l'échidné, c'est-à-dire les deux seuls représentants du groupe des monotrèmes actuellement existant, n'excèdent la température du milieu que de quatre ou six degrés; loin d'avoir une température spécifique de 37 à 39°, comme on le croyait, l'ornithorynque, dans un milieu à

20°, ne présente une température organique que de 24 ou 25°. De même les marsupiaux ne peuvent s'élever que de quelques degrés au-dessus de la température du milieu ambiant. De même les édentés. Enfin les hautes températures des mammifères ne sont réalisées que chez les ongulés et les carnivores, c'est-à-dire chez les deux groupes les plus récemment apparus.

Quinton trouva chez les oiseaux la même confirmation de ses prévisions. Puisque les ratites étaient apparus avant les carinates, la loi de constance thermique nécessitait qu'on trouvât chez leurs représentants une température inférieure. Quinton prit la température de l'autruche; elle est, à l'encontre de toutes les idées reçues, de 39°, c'est-à-dire inférieure de deux à cinq degrés à celle des carinates, ainsi que l'exigeait l'hypothèse.

L'aptéryx, l'oiseau de l'époque secondaire qui s'est perpétué dans la Nouvelle-Zélande, présentait pour la théorie le plus haut intérêt, puisqu'il est actuellement le plus ancien représentant de sa classe.

Quinton avait fixé approximativemnt et *a priori* sa température à 37° environ, c'est-à-dire à deux degrés au-dessous de celle de l'autruche. Mais le Museum de Paris ne possédait point cet animal, et on demeura assez longtemps sans pouvoir vérifier cette prévision. Enfin Quinton fut mis en relations avec le jardin zoologique de Londres, qui possédait plusieurs aptéryx. Il demanda qu'on prît avec toutes les précautions nécessaires la température de ces oiseaux et qu'on vérifiât le thermomètre sur l'homme afin d'écarter toute erreur. Deux aptéryx mis en expérience donnèrent une température moyenne de 37°2,— l'homme donnant, avec le même thermomètre, une température identique.

Cette série de prévisions, réalisée à l'encontre de tout ce qu'on tenait pour établi, est d'un intérêt qui dépasse par son étendue le cas des invertébrés d'eau douce se fermant osmotiquement au milieu extérieur. Ce n'est plus seulement un organisme interrogé qui confirme l'hypothèse, mais tous les mammifères, tous les oiseaux ! C'est sur des milliers de points que la réponse des faits concorde avec la vue de l'esprit, et avec quelle remarquable précision !

L'écrevisse se fermait ou ne se fermait point au milieu extérieur. Mais dans la vérification de la loi de constance thermique, c'est toute une série de faits qui doivent se trouver réalisés, avec une rigueur mathématique; les températures spécifiques doivent échelonner toutes les espèces selon leur ordre d'apparition. Chaque

animal dont l'embryologie, l'anatomie comparée
et la paléontologie nous indiquent la date de
naissance doit répondre par un chiffre, un
degré de température. Or il n'y manque jamais,
si imprévue que soit sa réponse.

Les plus anciens groupes sont équilibrés au
milieu, les familles plus récentes sont en déséquilibre avec ce milieu, enfin l'écart thermique
va croissant selon le degré de récence.

La place de l'homme dans cette échelle des
êtres constitue une nouvelle invraisemblance.
On l'avait toujours considéré comme le terme
ultime de l'évolution. Ses $37°$ lui assignent une
date de naissance antérieure aux mammifères
ongulés et carnivores et aux oiseaux. Or les faits
biologiques mis en lumière par Quinton dans la
deuxième partie de son livre justifient cette
conception nouvelle.

Reste enfin à établir la valeur de la troisième
loi de constance particelle, dite de constance
osmotique ou saline.

La vie animale, apparue à l'état de cellule dans
des mers d'une concentration saline déterminée, a
tendu à maintenir, pour son haut fonctionnement
cellulaire, à travers la série zoologique, cette concentration des origines.

Nous pouvons observer, d'une part, que la
concentration saline des mers actuelles est de

35 grammes pour 1000; d'une autre, que la concentration saline du milieu vital des vertébrés les plus récents et les plus élevés, mammifères et oiseaux, est de 7 à 8 grammes pour 1000 environ.

La théorie en honneur avant Quinton, la théorie darwinienne de l'adaptation au milieu, expliquait cet écart par le raisonnement suivant : éloignés du milieu marin primordial (tenu pour concentré à 35 grammes), les animaux vivant dans l'eau douce (complètement dessalée), ou sur la terre (pauvre en soude), ont peu à peu cédé aux conditions nouvelles que leur a faites la vie : leur milieu intérieur s'est peu à peu appauvri en chlorure de sodium.

Nullement, affirme Quinton, renversant audacieusement les termes du raisonnement. Si le milieu vital du vertébré est en déséquilibre avec le milieu marin actuel, ce n'est pas parce que depuis les origines le milieu vital des animaux d'eau douce ou aériens s'est déconcentré, c'est parce que le milieu marin, au cours des âges, s'est surconcentré.

Avec la même énergie qu'ils ont déployée pour conserver, autour de leurs cellules, la température des origines, les organismes se sont efforcés de maintenir leur milieu vital cellulaire au taux de concentration primitif.

En présence de l'évolution cosmique, la masse immense de l'océan a subi passivement la transformation de sa composition, l'être vivant s'est refusé à cet accept. La vie, immuable dans ses conditions, n'a pas toléré de tels changements. Si fragiles, si infimes que soient les organismes, ils ont résisté à toutes les causes de transformation qui auraient pu agir sur eux; ils demeurent les témoins obstinés de la concentration saline des mers originelles.

Une telle explication fait éclater l'antinomie de la méthode de notre auteur et de celles qui l'ont précédée. Un nouvel acte du drame intellectuel, que nous avons essayé de mettre en évidence au cours de cette analyse, s'ouvre sur cette hypothèse. Il est d'autant plus chargé de pathétique que l'argumentation de Quinton va éclairer avec une étonnante précision les mystères de la préhistoire animale, sur lesquels la géologie et la paléontologie demeuraient impuissantes à nous renseigner. C'est ce qui se passait il y a des milliers et des milliers de siècles dans les profondeurs de l'océan, c'est la première lutte de la vie contre les conditions ennemies créées par les bouleversements du globe, que le biologiste va nous révéler.

La plus hardie de ses hypothèses va se vérifier avec aisance et rigueur. Avec Quinton, sup-

posons l'hypothèse de constance osmotique
exacte ; déterminons les conséquences qu'elle
entraîne. L'expérience nous montrera ensuite si
elle concorde avec la réalité.

S'il y a une loi de constance osmotique originelle, comme il y a une loi de constance thermique originelle, l'une calquée sur l'autre, c'est-à-
dire si la vie a tendu à maintenir intérieurement,
pour son haut fonctionnement cellulaire, le degré
de concentration saline des mers originelles chez
des organismes indéfiniment suscités à cet effet,
et dont les derniers apparus sont toujours les
témoins du degré osmotique des origines, 1º le
degré de concentration saline du milieu vital
de l'oiseau doit représenter d'abord le degré
de concentration saline des mers originelles,
comme sa température représente leur température; 2º en face de la concentration progressive et hypothétique des mers, comme tout à
l'heure en face du refroidissement du globe, la
vie a dû tendre à maintenir le milieu vital de
certains organismes marins au degré de concentration saline des mers originelles, comme
nous l'avons vu tendre à maintenir le milieu
vital d'un certain groupe d'organismes terrestres à la température des origines; en sorte que,
contrairement à toute vraisemblance, on doit
trouver, dans les mers actuellement concentrées

à 35 grammes, des organismes en déséquilibre avec cette concentration, — les plus récents et les plus élevés (poissons osseux) à une concentration voisine de la concentration originelle, c'est-à-dire de celle de l'oiseau, — les autres, moins récents et moins élevés (poissons cartilagineux) s'échelonnant entre cette concentration et celle des Oiseaux actuels; les plus inférieurs (invertébrés), enfin, équilibrés au milieu.

Ce fait, s'il est rigoureusement vérifié, ne laissera aucune place au doute. En effet, pour les adeptes de l'adaptation, il est inadmissible, il a contre lui toutes les lois de l'osmose. Dans l'hypothèse de constance, au contraire, il est nécessaire et prévu.

De nouveau l'expérience vient confirmer de tous points les prévisions que l'hypothèse de constance avait permis d'établir.

Tous les invertébrés marins sont en effet équilibrés au milieu, et, dans des mers concentrées à 35 grammes, présentent une concentration de leur milieu vital égale à 35 grammes.

Les poissons cartilagineux commencent le déséquilibre ; dans ces mêmes mers concentrées à 35 grammes ils n'ont plus qu'une concentration de leur sang de 22 grammes, de 20, de 18 et même de 16 grammes. Les poissons osseux enfin, les derniers apparus, poussent l'écart à l'extrême. Leur sang montre des concentrations de 11 grammes, de 10 et même de 9 grammes. Le déséquilibre prévu est donc confirmé ; il est confirmé exactement dans les conditions exigées par l'hypothèse, et la concentration du poisson osseux arrive à ce chiffre de 9 grammes tout à fait voisin du chiffre fatidique de la concentration de l'oiseau.

Pourquoi ce déséquilibre ? L'hypothèse nous l'a appris *a priori* : pour maintenir la vie cellulaire dans son plus haut fonctionnement. Les faits une fois de plus confirment nos prévisions. Les invertébrés marins, en acceptant les conditions salines nouvelles, ont pâti, sont tombés à l'état de vie ralentie. Le vertébré, au contraire, maintenant ses cellules dans les conditions originelles, continue à prospérer ; il vit d'une vie plus complexe et plus parfaite. Les récents travaux de MM. Jolyet et Regnard ont établi que, pour 61 centimètres cubes d'oxygène consommés en moyenne par l'invertébré, par heure et par kilogramme d'animal, le poisson en brûle 92.

« Étant donné, écrit Quinton, dans la dernière partie de son livre, les origines du milieu vital, étant donné que chez les organismes primordiaux composés d'une seule cellule ce milieu vital est le milieu marin lui-même, qu'il est encore le

milieu marin lui-même chez les premiers organismes organisés de la série animale ; qu'il
reste encore au point de vue minéral et osmotique ce milieu marin chez tous les invertébrés
des mers, — le fait que chez d'autres organismes
(poissons marins) *originaires des océans et ne
les ayant jamais quittés*, il cesse osmotiquement d'être ce milieu pour présenter une concentration saline tout à fait différente et inférieure, est assurément l'un des plus imprévus et
des plus suggestifs de la biologie. »

L'observation montre chez tous les vertébrés
une tendance et une puissance extrêmement
fortes à maintenir invariable en face de tous les
agents qui pourraient tendre à le modifier le
degré de concentration saline ancestral de leur
milieu vital.

« C'est ainsi que les poissons d'eau douce,
dans un milieu d'une concentration saline presque nulle, témoignent d'un degré de concentration saline de leur milieu vital voisin de celui
des poissons marins dont ils descendent.

« C'est ainsi que les reptiles et mammifères,
adaptés à la vie marine, conservent dans les
mers, c'est-à-dire dans un milieu hautement
concentré, le degré de concentration relativement faible du milieu vital des espèces terrestres
dont ils dérivent.

3

« C'est ainsi que les vertébrés herbivores ou granivores, avec une alimentation pauvre en sodium, n'en maintiennent pas moins, au degré spécifique de leur classe (mammifères ou oiseaux), la concentration saline de leur milieu vital.

« C'est ainsi que l'homme n'arrive pas à élever la sienne, par l'usage immodéré qu'il peut faire du sel de cuisine.

« C'est ainsi qu'on peut soumettre un chien au jeûne absolu, à un régime sursalé, à un régime dessalé, à des injections intraveineuses d'une eau fortement sursalée sans parvenir dans les cas les plus extrêmes à modifier de plus de un cinquième à un dixième le degré de concentration saline de son milieu vital.

« A tous les degrés de l'échelle, dans tous les milieux, dans toutes les conditions, le vertébré s'accuse comme un conservateur extraordinairement tenace du degré de concentration saline ancestral de son milieu vital. »

Quand une même vue de l'esprit, appliquée à trois ordres de phénomènes différents, nécessite dans ces trois domaines des séries entières de faits que rien auparavant ne permettait de prévoir et que toutes ces prévisions sont confirmées, n'est-ce pas que cette vue de l'esprit était

d'une façon anticipée la vision même des faits?
Elle cesse alors d'être une hypothèse, pour
devenir une hypothèse *démontrée*, c'est-à-dire
une *loi*.

Après avoir relevé les faits de constance marine, de constance thermique, de constance osmotique originelle, qu'il avait prévus et après en
avoir montré le caractère rigoureux, Quinton
est donc en droit de formuler sa loi de constance
générale.

« Cette loi, dit-il, montre ce que la science
moderne s'est efforcée d'ignorer, que la vie est
un phénomène assujetti à des conditions assez
étroitement déterminées, puisque, depuis les origines, malgré les temps écoulés, malgré les occa-
sions, malgré les causes de variations qui se sont
offertes ou produites, la vie ne paraît pas avoir
pu mieux faire que de maintenir invariables,
pour son activité maxima, les conditions des
origines. »

On affirme communément que la véritable
science, celle dont les acquisitions sont stables
et définitives, réside dans l'observation des faits
en eux-mêmes et en dehors de tout système. On
croit que le vrai savant est celui qui se préoc-
cupe uniquement d'enregistrer les faits, de les
amasser, de les décrire et de les collectionner.

On prétend que les seules découvertes utiles
pour le progrès de l'esprit sont ces acquisitions
de détails qui accroissent pièce par pièce la
somme des connaissances humaines. Rien n'est
moins exact.

Les faits considérés en eux-mêmes sont toujours faux. Leur observation « pure et simple »
est décevante et sans valeur éternelle. Ils sont
controuvés à mesure que les moyens d'investigation se perfectionnent.

Les grandes visions qui permettent la critique
des faits ont une valeur scientifique bien autre-
ment solide lorsqu'elles apparaissent comme
fondées, lorsque les prévisions qu'elles imposent
se réalisent, lorsque toutes les invraisemblances
qu'elles laissaient entrevoir se trouvent être des
réalités.

Les grandes vérités ne sont pas absolues,
mais elles sont de plus en plus vraies. Tout, dans
la suite des temps, vient confirmer une idée
juste.

Certains critiques, effrayés par le côté systé-
matique des découvertes de Quinton, par leur
ampleur même, se refusent à envisager ses con-
clusions et le louent uniquement d'avoir mené
à bien certaines investigations; par exemple,
d'avoir établi quelques températures animales
insoupçonnées. Voilà, disent-ils, des résultats

modestes, mais définitifs, réels, de véritables et
utiles contributions apportées à la connaissance
scientifique.

Ces critiques se trompent, car précisément
les petits faits qu'ils tiennent pour acquis n'ont
qu'une vérité approximative et très relative :
avec des instruments d'investigation plus par-
faits, on découvrira sans doute un jour que la
température de l'aptéryx n'est pas exactement
de 37°, 2 ; mais ce qui restera vrai, ce que tout
confirmera, c'est la vaste hypothèse de l'échelonnement thermique des espèces selon leur
ordre d'apparition.

Rejeter de la science les systèmes pour se
cantonner dans l'observation des faits de détail,
ce serait ruiner la connaissance scientifique.

Après avoir reconnu l'étendue de l'œuvre de
Quinton, nous voici contraints d'en accepter la
rigueur, le bien fondé scientifique. Nous n'avons
pas devant nous seulement une magnifique imagination reconstruisant avec une logique satis-
faisante les plans du monde, mais un savant
dans toute la rigueur du terme et dont les découvertes métamorphosent la biologie, et, comme
l'écrit M. J. de Gaultier, « l'élèvent par des
moyens rigoureux au rang le plus haut parmi
les sciences qui ont pour objet de satisfaire une
passion de connaître désintéressée ».

II

Pour situer une œuvre à son rang, il ne suffit point de l'examiner et de la juger en elle-même. Le retentissement qu'elle trouve dans le monde, l'influence qu'elle exerce sur les intelligences est un sûr témoignage de son importance. Certaines découvertes sont tellement essentielles qu'elles ont bouleversé la sensibilité profonde de l'humanité. Après Copernic et Newton, les hommes regardèrent le ciel avec des yeux nouveaux.

Toute proportion gardée, quand les notions que nous apporte Quinton sur l'origine marine de tous les êtres animés, sur les rapports étroits qui ne cessent pas de nous tenir unis au vaste océan seront couramment enseignées, n'agiront-elles point de façon analogue ? Les générations contempleront la mer avec des sentiments différents des nôtres.

Déjà elle n'est plus seulement, pour les esprits imbus des théories de Quinton, un sujet d'émotions esthétiques, nous voyons en elle autre chose que l'arène tragique des tempêtes ou que le miroir des soleils couchants. D'autres fibres de nos cœurs s'émeuvent devant ces flots qui bercèrent l'enfance des êtres, devant ces cavernes écumeuses où une secrète alchimie prépara le mystère de la vie.

Quand nous songeons que le sang qui fait la chaleur et le mouvement des êtres, qui apporte la grâce, la beauté et les nuances aux corps passionnés, le sang qui anime la pensée divine dans les esprits, se compose de quelques gouttes de ces flots qui battent les rochers et dessinent la courbe des plages, un sentiment s'éveille en nous comparable à la piété des Hellènes pour qui Vénus, mère des hommes et des dieux, était vraiment née de l'onde amère.

Il n'y a plus rien de commun entre les rêveries que le cours des astres éveille dans le cerveau de nos contemporains et celles que la contemplation des étoiles suscitait aux pasteurs de la Bible, ou même aux astrologues du Moyen-Age. Encore quelques générations et sans doute la pensée du voyageur, assis sur la plage devant la mer, sera aussi différente du rêve qu'il y promène aujourd'hui.

Nous pouvons nous rendre compte plus aisément encore et avec plus de précision de la répercussion que les découvertes de Quinton trouvent dès maintenant sur les intelligences.

Dans un siècle comme le nôtre, où l'esprit reçoit ses directives de la science, les vues nouvelles que les travaux de Quinton suscitaient ne pouvaient manquer de modifier un grand nombre de nos conceptions.

Depuis Darwin, c'est-à-dire depuis plus d'un demi-siècle, le concept de l'évolution régissait toute la pensée. Sa légitimité incontestable dans un domaine de l'histoire naturelle, celui de l'anatomie, l'avait revêtu d'une force telle que les meilleurs esprits ne résistaient pas à en faire la loi capitale de la vie.

Spencer transporta l'idée d'évolution des sciences naturelles dans ses conceptions spéculatives et elle devint, comme l'écrit un philosophe, « l'aimant vers lequel fut attiré tout le grand mouvement des idées philosophiques au dix-neuvième siècle (1) ».

On vit l'évolution expliquer et régir non seulement la biologie tout entière, mais la morale, la sociologie, la linguistique, la politique, l'histoire, la littérature, l'esthétique. Les philosophes, les hommes politiques, les critiques, les artistes s'emparèrent de ce concept pour donner une apparence de rigueur scientifique à leurs systèmes.

Du fait de la conception évolutionniste, les paradis des légendes se trouvèrent déplacés. A

(1) Jules de Gaultier : *la Dépendance de la morale et l'indépendance des mœurs.*

travers les transformations et les changements,
par le jeu naturel de l'adaptation et de la sélec-
tion, l'humanité et la nature tout entière ten-
daient à la perfection et, dans l'ordre moral, au
bonheur à travers un progrès continu.

Il ressort avec évidence des travaux de Quinton qu'on a donné une extension illégitime et
tout à fait arbitraire à la loi de Darwin. Elle
déborde de son domaine de vérité quand elle
prétend régir la biologie. Spencer, Büchner, Hæckel lui ont attribué une portée qu'elle n'a pas,
en la regardant comme le rythme du monde.

Les découvertes de Quinton ne nient pas l'é-
volution; mais elles en restreignent la portée.

Ce sont les formes qui changent, nous dit
Quinton, et elles ne changent que pour conserver à la vie ses conditions immuables. Comme
l'écrit M. Jules de Gaultier : « La vie emploie tout
son génie à se mettre à l'abri du changement, à
s'inventer, à se construire, en guise de demeu-
res, de forteresses et d'usines, des organismes
où soient conservées ou reproduites toutes les
circonstances qui accompagnent sa genèse. Le
changement n'est pas en elle; il n'atteint que les
divers appareils où elle s'abrite et où il intervient
expressément comme condition de sa fixité. »

La fixité domine l'évolution. La fixité est le
principe ; l'évolution, le corollaire.

Avec Quinton, la science la plus nouvelle envisage la vie comme un équilibre et démontre que le moindre trouble, introduit dans cet équilibre, la met en péril. « La nature, écrit M. Georges Bohn (1), a horreur des variations. » C'est l'antipode de la doctrine darwinienne.

La vie comme phénomène fixe, telle est la notion nouvelle que les travaux de Quinton proposent à la méditation des philosophes. C'est la ruine de tous les systèmes ingénieusement édifiés par Spencer, Büchner, Hæckel et leurs disciples. Mais c'est aussi le cristal d'amorce de nouvelles combinaisons intellectuelles.

M. Jules de Gaultier fut un des premiers à comprendre et exposer la valeur philosophique des découvertes de Quinton. Il vit et il marqua fortement les spéculations illégitimes qu'elles condamnent et toutes les satisfactions qu'elles apportent à l'esprit.

L'idée, écrit-il dans un chapitre de son essai sur *la Dépendance de la morale et l'indépendance des mœurs*, qui se dégage de la théorie de Quinton, où pour la première fois l'histoire de la vie nous est contée d'une façon cohérente, l'idée qui s'impose à l'esprit avec une force croissante, c'est que la vie, au sens purement physiologique du terme, est à elle-même sa propre explication; c'est que tous les phé-

(1) G. Bohn : *la Naissance de l'intelligence*.

nomènes auxquels elle donne naissance épuisent toute leur signification dans une interprétation uniquement biologique du monde et n'abandonnent, faute d'une utilisation positive, aucun de leurs éléments à la construction du rêve métaphysique. Sous le jour de la théorie de M. Quinton, le phénomène biologique n'est plus, en effet, un commencement présageant un achèvement. Il est en lui-même une chose entièrement achevée, il est un fait accompli, le fait par excellence en fonction duquel tous les autres phénomènes s'ordonnent.

C'est donc une critique générale de toute métaphysique que M. de Gaultier tire d'abord des travaux de Quinton. Mais c'est surtout sur la place et sur le rôle que la loi de constance thermique semble assigner à l'intelligence humaine que s'étend et spécule ce philosophe.

Au point de vue philosophique, écrit M. de Gaultier, la conclusion la plus saillante qu'impose la théorie de M. Quinton est celle qui a trait au fait de l'intelligence. Telle qu'elle se manifeste dans l'homme, l'apparition de l'intelligence ne coïncide plus avec le dernier effort accompli par l'évolution biologique, car le point de vue nouveau ne laisse aucun doute sur l'origine relativement ancienne de l'homme, sur l'origine beaucoup plus récente d'un assez grand nombre de mammifères et d'un nombre beaucoup plus considérable d'oiseaux. L'intelligence ne saurait donc plus être considérée comme un but suprême poursuivi avec la lente élaboration de la matière vivante à tra-

vers le perfectionnement croissant des formes animales, car ce but présumé, une fois atteint, a été
dépassé ; l'intelligence une fois réalisée dans l'espèce
homme, l'évolution ne s'est point arrêtée, comme si
elle eût dit son dernier mot, mais elle a continué son
cours ; d'autres formes sont apparues, présentant à
un degré beaucoup moindre le caractère de l'intelligence, dont l'homme était marqué, tandis qu'offrant
à la cellule vivante des conditions d'existence plus
parfaites elles accusaient sous ce jour une supério-
rité physiologique incontestable.

Or, en même temps que l'on est contraint d'abandonner l'idée de l'intelligence comme but, il faut bien
reconnaître à l'intelligence, considérée comme un
pouvoir pur et simple d'adapter un moyen à une fin,
comme un moyen de perpétuer l'existence de la cellule vivante, une importance prépondérante. Elle
montre, en effet, avec une grande efficacité, le moyen
d'une fin identique à celle que poursuit, au cours de
l'évolution, toute l'industrie physiologique. Tandis
que différentes espèces, survenant après l'homme,
par un perfectionnement purement physiologique
intéressant le poumon, l'estomac, l'appareil circula-
toire, réussissent à élever leur température intérieure
de 37 à 44°, l'homme demeure impuissant à élever
la sienne au delà de 37°2. Par contre, il invente le
feu, les maisons et les vêtements, en sorte qu'il par-
vient, au moyen d'un mécanisme cérébral de nature
physiologique, à utiliser, au profit de la cellule
vivante, les éléments du cosmos, à disposer ces éléments de façon à maintenir autour de la cellule
vivante, et jusqu'en dehors de l'organisme, les conditions originelles, artificiellement reconstituées.

... Les défenses que la physiologie oppose aux menaces de l'extérieur par des dispositions organiques, par des ouvrages anatomiques tout proches de la cellule, l'intelligence les institue au moyen de dispositions plus indirectes, au moyen d'ouvrages plus avancés, et qui, au lieu de combattre l'ennemi en quelque sorte corps à corps, s'opposent à son approche.

Ainsi l'intelligence humaine apparaît comme un moyen de sauvegarde de la cellule vivante, moyen parallèle aux moyens plus directs que nous voyons en jeu avec l'évolution des divers organismes...

Cette conception nouvelle de l'intelligence et de son rôle vital conduit M. Jules de Gaultier à une conception également nouvelle de la sociologie et de l'éthique où le développement des sociétés, la morale et jusqu'à l'invention scientifique « sont considérés comme fonction du refroidissement du globe (1) ».

Dans l'illusion de l'intelligence qui croit poursuivre des fins qu'elle s'assigne et se dicte à elle-même, alors qu'elle n'est qu'un moyen pour cette fin biologique que réalise à tout moment le

(1) M. Raymond de Passillé, dans un livre tout récent : *le Tissu social*, écrit : « M. Quinton a donné une origine biologique à la morale en montrant qu'il existe une relation entre le refroidissement du globe et les devoirs qui s'imposent aux hommes. » Pour M. de Passillé la morale apparaît « quand la lutte contre l'ambiance toujours plus froide devient plus âpre ; au moment où l'humanité doit, pour continuer à vivre, modifier ses instincts au point de les réfréner ».

mouvement de l'évolution, M. J. de Gaultier croit saisir le premier, et le plus important, de ces *Bovarysmes* dont il a expliqué le mécanisme dans les livres qui firent sa réputation de psychologue (1). Religions, morales, institutions sociales peuvent céder à la critique, n'être tenues sous leurs formes diverses que pour des fictions, elles trouvent leur justification dans ce fait qu'elles nous conduisent avec plus de sûreté et d'aisance au but fixé par la biologie.

On sait la place importante prise par les travaux philosophiques de M. Jules de Gaultier et qu'il fait école.

Un autre penseur, M. Remy de Gourmont, a fréquemment appuyé sa critique sur les découvertes de Quinton et par lui quelques-unes des conséquences de la loi générale de constance sont entrées dans la sensibilité philosophique.

Nous devons notamment à M. de Gourmont une curieuse transposition de la loi de constance thermique dans le domaine de la psychologie.

« J'avais depuis longtemps, écrit M. de Gourmont (2), l'idée que l'intelligence humaine s'est

(1) J. de Gaultier : *le Bovarysme ; la Fiction universelle.*
(2) Remy de Gourmont : *Promenades philosophiques* (2ᵉ série).

maintenue à travers les siècles, invariable en son fond, en son pouvoir ; mais cette idée, je ne savais à quoi la rattacher quand les travaux de M. Quinton sont venus m'en démontrer la logique. »

Pour M. de Gourmont l'élasticité intellectuelle a des limites et ces limites sont spécifiques. « Du moment que l'espèce homme a été constituée, ses possibilités intellectuelles se sont trouvées établies et fixées comme sa physiologie même. Au lendemain de sa constitution, la race blanche était capable de génie, absolument dans les mêmes proportions que de nos jours, et la moyenne intellectuelle d'une tribu de l'âge de pierre devait être sensiblement égale à la moyenne intellectuelle d'un village français d'aujourd'hui.

Entendons bien qu'il importe de dissocier l'idée d'intelligence en ses deux éléments fondamentaux : la faculté intellectuelle d'une part, et d'autre part son contenu, la notion. C'est la faculté intellectuelle qui demeure constante ; quant au contenu de l'intelligence, c'est un fait d'expérience qu'il varie dans des proportions considérables d'une époque à une autre. Mais l'amas énorme de notions mis aujourd'hui à notre disposition a-t-il la moindre influence sur l'intelligence même ?

La découverte du feu mesure le génie de l'hu-

manité primitive. C'est, dit M. de Gourmont, le
plus grand fait intellectuel de l'humanité. « On ne
revit jamais acte aussi grand. Nos découvertes
auprès de celle-là sont modestes. »

Donc l'espèce humaine apparaît douée de
toutes les possibilités d'intelligence. Et parmi
les familles humaines, celle où s'épanouit avec
le plus de force cette faculté domine le monde.
Mais comment à travers les âges et l'évolution
des races la constance de ces possibilités intellectuelles est-elle assurée ? C'est ici que M. de
Gourmont tente une application transposée des
lois de Quinton.

Les conditions de la connaissance, les besoins de la
civilisation exigent, à un certain moment, un effort
dont la race dominante se trouve incapable : alors
une race nouvelle surgit, par mutation, capable de
maintenir à leur degré originel les puissances intellectuelles de l'humanité, que ne peuvent plus régir les
efforts de la race ancienne ; et le même phénomène a
lieu dans la suite, chaque fois que les mêmes circonstances se rencontrent. Ainsi, les possibilités de l'intelligence humaine sont toujours à un niveau constant.
Quand la civilisation égyptienne dépasse les forces de
l'intelligence égyptienne, l'intelligence grecque vient
qui produit l'effort nécessaire ; quand c'est la civilisation grecque qui déborde l'intelligence grecque,
voici surgir l'intelligence romaine, quand c'est la civilisation romaine qui échappe à ses créateurs, voici
l'intelligence celto-germanique. Les mêmes mou-

vements ont eu lieu, les mêmes substitutions, aux temps primitifs, aux temps préhistoriques et certainement aux temps géologiques.

M. de Gourmont voit dans la dégradation et dans la disparition des races où l'intelligence se manifesta le plus anciennement la preuve même du fait de constance intellectuelle. « En effet, si la race qui a domestiqué l'électricité était la même que celle qui a domestiqué le feu, il y aurait, non point constance intellectuelle, mais progrès intellectuel, ce qui est fort différent. » Et ce n'est pas ainsi que se comportent les événements.

Bien entendu, la constance intellectuelle ne doit pas être considérée comme individuelle, c'est une constance de principe et qui s'applique à l'espèce, à la variété.

Ce n'est pas ici le lieu d'exposer les grands faits sur lesquels M. de Gourmont appuie sa loi. Il est bien évident qu'il ne peut lui apporter une démonstration rigoureuse, ni les preuves cruciales que M. Quinton accumule, quand il s'agit d'établir la constance marine ou thermique. M. de Gourmont prend soin d'affirmer lui-même qu'il ne songe pas à établir « de strict parallélisme ». Il n'en reste pas moins que cette vue nouvelle est un excellent exemple des

4

suggestions que les découvertes de Quinton
apportent aux penseurs et du courant d'idées
qu'elles suscitent. Nous n'avons pas à discuter
la légitimité de l'extension donnée à la théorie
de Quinton par M. de Gaultier, ou par M. de
Gourmont. Les synthèses tentées par ces écrivains montrent la fécondité du point de vue
nouveau offert par la science à la spéculation
philosophique. C'est ce que nous nous propo-
sions de démontrer.

Il serait oiseux d'établir une sorte de catalo-
gue des ouvrages inspirés par les découvertes
de Quinton. Mais pour montrer dans quelles
directions diverses elles exercent leur influence,
il importe de citer l'application qui a été faite
de l'idée de constance à la sociologie par un des
esprits les plus fins, les plus déliés et les plus
perspicaces de ce temps, M. Paul Bourget.

Pour M. Bourget la rigoureuse démonstration
que M. Quinton nous apporte d'une loi de constance générale est une confirmation de la valeur
objective des doctrines traditionalistes qu'il pro-
fesse avec Taine, Balzac et Le Play. M. Bourget
se garde bien de ramener à la mesure stricte
d'une science comme la biologie des vérités d'ordre moral. Mais il se plaît, une fois ces vérités
dégagées, à discerner les ressemblances profon-
des qui existent entre celles-ci et les grandes

vérités biologiques. « Si, dit-il (1), les derniers domaines de la connaissance sont juxtaposés, il n'y a aucun motif de penser qu'ils soient contradictoires. Quand M. Quinton nous démontre qu'il existe une loi de constance du milieu vital, ce n'est pas manquer aux bonnes méthodes que de signaler l'accord saisissant entre cette hypothèse et le vieux principe sur les gouvernements, jadis proclamé par Rivarol : *res eodem modo conservatur quo generantur.* »

Pour nous rapprocher enfin de la médecine où les découvertes de Quinton ont trouvé une application si brillante et si immédiatement utile, mentionnons l'argument qu'elles apportent aux vitalistes. Le docteur Grasset en a tiré pour sa thèse un parti excellent.

La science, qui devait nous conduire à regarder la vie uniquement comme un phénomène physico-chimique, a déplacé le déterminisme des actes biologiques. Les savants ont cru que la vie pouvait s'adapter à certaines conditions de milieu, se transformer même pour se plier à ces conditions. Quinton a montré qu'il n'en était rien. La vie ne s'adapte pas. Elle est soumise à des conditions physiques et chimiques strictes et

(1) P. Bourget, *Etudes et Portraits. Sociologie et Littérature.*

étroites. Mais pour réaliser ces conditions, ou
pour les maintenir, on dirait vraiment qu'elle
choisit ses moyens ; elle use tour à tour de vio-
lence et de ruse. Elle agit comme un général qui
veut gagner la bataille.

Pour se servir des expressions de M. de Gaultier on peut dire qu'il existe une sorte de génie
de la vie, qui s'affirme dès que la vie s'organise
et s'élève. Ce génie, Quinton l'a mis en évidence dans la partie de son livre où il indique
« un nouveau caractère distinctif du Vertébré ».

« Le Vertébré, écrit M. Quinton, ressort comme
marqué d'un caractère particulier, qui l'oppose
au reste du règne animal et le situe à part, au-
dessus. Tandis que le règne animal tout entier,
sauf les Vertébrés, accepte ou plutôt subit, en
face de la concentration progressive des mers et
du refroidissement du globe, les conditions nouvelles qui lui sont faites et auxquelles il ne peut
se plier qu'en pâtissant, — les Vertébrés témoignent d'un pouvoir spécial ; ils se refusent à un
tel « accept » et maintiennent, en face des circonstances ennemies, les seules conditions favo-
rables à leur vie. En face de la concentration
des mers, comme du refroidissement du globe,
ils maintiennent la concentration et la température originelles et optima. Ils ne sont donc point,
comme les Invertébrés, les jouets passifs des

circonstances qui les dominent, mais, pour une part, les maîtres des conditions foncières inhérentes à leur prospérité. Les lois qui régissent le monde physique et le monde organique inférieur sont en quelque sorte sans prise sur eux, soit qu'ils les tournent par des artifices ou les surmontent par une puissance (loi physique d'équilibre osmotique, tournée par un artifice actuellement inconnu; loi physique d'équilibre thermique, surmontée par une puissance directe : production de chaleur). »

Quinton fait encore remarquer que l'homme n'est point seul à manifester cette inconsciente industrie par quoi la vie, aux yeux d'un Bichat, d'un Laënnec, s'affirmait comme irréductible aux diverses combinaisons physico-chimiques connues.

« L'homme, écrit Quinton, cesse d'occuper dans la nature la place isolée qu'il semblait y tenir jusqu'ici. Au milieu du monde physique qui l'enveloppe, l'ignore et l'opprime, il n'est pas le seul insurgé, le seul animal en lutte contre les conditions naturelles, le seul tendant à fonder dans un milieu instable et hostile les éléments fixes d'une vie supérieure. Le simple poisson, le simple mammifère qui réalisent, dans une eau surconcentrée, ou dans un habitat glacé, le déséquilibre osmotique ou thermique que l'on sait, tiennent en échec les lois physiques essentielles. Quand l'homme s'attaque aux forces naturelles qui l'entourent, pour les dominer dans ce qu'elles ont d'ennemi, il participe d'abord du génie du Vertébré. »

On voit le parti que les vitalistes peuvent tirer de telles observations. L'école de Montpellier en fait sortir une définition de la vie qui apparaît comme la lutte, en quelque sorte intelligente, de l'organisme contre tout ce qui lui est étranger ou nuisible.

En médecine les découvertes de Quinton n'ont pas trouvé uniquement des applications spéculatives. Elles ont eu des conséquences pratiques assez considérables pour faire à elles seules, comme nous l'avons dit, la gloire de leur inventeur.

Ce n'est pas seulement une nouvelle conception de la vie, mais aussi une nouvelle conception de l'organisme qui résulte des observations accumulées par Quinton.

Tout être vivant nous apparaît comme un récipient contenant un liquide de culture au milieu duquel vivent les cellules. Or, nous savons que, chez presque tous les organismes animaux, ce liquide de culture est simplement de l'eau de mer. Si bien qu'en définitive tout organisme peut être considéré essentiellement comme un *aqua-*

rium marin, où continuent à vivre dans les conditions aquatiques des origines, les cellules qui le constituent.

Ce concept de l'organisme *aquarium marin* a conduit Quinton à une notion générale de l'état physiologique normal que nous appelons la santé, comme l'étude des microbes a conduit Pasteur à une conception de la maladie.

L'état de la cellule est fonction de l'intégrité du bouillon de culture où elle vit. Son existence est assurée par une sorte de mer intérieure. Quinton, ayant fait cette découverte, a été directement amené à penser que l'activité plus ou moins grande des cellules, et, par conséquent, l'état de santé de l'organisme qu'elles constituent, était subordonné à la plus ou moins grande pureté de cette eau marine. Chaque fois que ce milieu intérieur s'altère, les cellules pâtissent, l'organisme souffre. Des poissons vivent allègrement dans l'eau pure d'un aquarium ; au bout de quelque temps, cette eau s'altère, les poissons perdent leur activité, ils s'acheminent vers la mort. Qu'on renouvelle l'eau de l'aquarium, la force et la vivacité de la vie leur reviennent.

Quinton, suivant là pente naturelle de sa pensée, devait donc se demander si on ne pourrait pas renouveler l'eau de l'aquarium que représente chaque être, dès que les cellules semblent pâtir.

L'innocuité d'une telle opération était prouvée par les expériences sur les chiens injectés d'eau de mer. Dans plusieurs services hospitaliers on tenta l'expérience sur des moribonds, presque sur des cadavres. On assista à des résurrections.

Depuis cette époque, les expériences se sont multipliées. Une méthode est désormais établie. Chaque fois qu'un organisme est affaibli, dans tous les cas où le liquide de culture des cellules organiques est vicié pour une cause quelconque, empoisonnement chimique ou microbien, fatigue, usure, nous savons qu'on peut avoir recours à la grande source de vie qui coule inépuisable autour de notre monde.

Avec les sérums pasteuriens nous entrions en possession de préservatifs spécifiques *contre* tel ou tel microbe, telle ou telle affection. Avec la méthode de Quinton, avec l'eau de mer, nous voici en possession d'un sérum *pour* la cellule, valable dans tous les cas où a matière vivante est attaquée et capable de lui donner la force de vaincre.

La théorie exigerait que les injections d'eau de mer réussissent dans toutes ces circonstances. Mais sur une matière aussi fugace que la matière vivante il n'est point de panacée !

Cependant, dans le traitement des plus terribles maladies de l'enfance, notamment dans l'athrepsie, les praticiens qui ont expérimenté les injections marines se montrent constamment satisfaits. C'est que, chez les nouveau-nés, la cellule toute neuve tient de son milieu la vie ou la mort et que l'expérimentation se trouve dans les conditions les plus voisines de la théorie.

Chez l'adulte, d'extrêmes complications viennent troubler l'expérience. La proportion des malades traités et guéris par l'eau de mer est cependant considérable.

Quinton, comme on l'a dit très justement, a installé Berck au chevet de chaque malade.

L'importance de telles découvertes thérapeutiques se laisse si aisément saisir que c'est ce côté des travaux de Quinton qui, tout de suite, a attiré l'attention, et pour ainsi dire rejeté au second plan ses grandes investigations dans le domaine de la connaissance.

La hiérarchie la plus élémentaire ne permet cependant pas de confondre, et il importe de conserver les proportions d'une œuvre inachevée, mais qui déjà constitue un des plus beaux efforts de la science française dans notre siècle.

III

Comment Quinton a-t-il été amené à ces découvertes qui, pour reprendre le mot de Lamarck, ressemblent si fort à des vérités, et dont les conséquences dans tous les domaines de l'esprit nous ont paru si abondantes? Question intéressante par sa généralité, puisqu'elle engage le problème même de la création scientifique.

Le mécanisme qui régit les inventions de la science est un des problèmes psychiques les plus élevés. Pénétrer le processus des découvertes de Lavoisier ou de Pasteur, savoir de quelle inquiétude d'esprit elles procèdent, comment leur auteur fut conduit à les réaliser, quelle qualité d'âme elles supposent, voilà qui soulève un intérêt aussi prenant et plus noble que les aventures amoureuses dont la psychologie emplit les livres.

« Il y a, dit Pascal, des mots déterminants et qui éclairent toute l'âme. » Serait-il trésor plus précieux, si l'on s'était préoccupé de recueillir ces mots de la bouche d'un Lamarck ou d'un Cuvier?

C'est pourquoi, sans prétendre tracer une biographie, il peut être utile et intéressant de rechercher les procédés, les tournures d'esprit, le tempérament intellectuel d'un savant que nous pou-

vons interroger, aux expériences de qui nous
pouvons assister, et qui peut lui-même confirmer ou redresser l'idée que nous nous faisons
de sa méthode et de la marche qu'il suit pour
atteindre des vérités nouvelles.

On se représente assez communément un
savant comme un bon élève, ayant continué ses
études, et ayant été conduit par son application
à des inventions ou à des découvertes. On ima-
gine une filière. Du lycée où l'adolescent a opté
pour les classes de mathématiques, il est passé
à la Sorbonne, a pris ses grades, licence, doctorat, peut-être agrégation. On le voit aux cours
des professeurs illustres, dans les laboratoires,
penché sur un microscope, érudit appliqué sur
les livres. Les maîtres l'ont mis sur une voie. Il
la suit. Bien doué, il pousse un peu plus loin
sur la route tracée.

Nous nous enorgueillissons aujourd'hui de
connaître la bonne et véritable méthode scientifique. Nos professeurs l'enseignent. Elle est,
selon leur dire, toute d'observation et de déduction. Nous sommes portés à croire qu'un esprit
attentif à une telle discipline peut devenir l'égal
d'un Pasteur.

En réalité les meilleurs études ne donnent pas
le don de création. Ni l'habitude du travail, ni

l'application ne peuvent faire un savant. « Penser ne sert à rien du tout, écrivait Gœthe, il faut avoir reçu de la nature un sens juste... (1). » Et c'est encore Gœthe qui confiait à Eckermann : « Si je n'avais déjà porté en moi le monde par pressentiment, avec les yeux ouverts je serais resté aveugle, et toutes mes recherches, toute mon expérience n'auraient été qu'une fatigue vaine et stérile (2). »

Rien dans la vie d'un Quinton ne rappelle le caractère que nous attribuons communément à l'homme de science.

Quelques notes biographiques nous permettent de suivre notre auteur durant cette période prémonitoire où il cherche sa voie, où il ignore lui-même l'œuvre à laquelle ses facultés le prédestinent, — période d'incubation la plus chargée d'intérêt pour le psychologue curieux d'établir l'étiologie d'une de ces crises cérébrales d'où sort une découverte.

Nous trouvons, chez Quinton, une longue hérédité de médecins, d'hommes habitués à se pencher sur la vie, à en observer les phénomènes, une belle culture de lettré et d'humaniste, mais nulle étude spéciale, nul brevet

(1) *Conversations*, p. 98.
(2) *Conversations*, p. 110.

même de licence ou de doctorat. Des dons
d'imagination, le goût de l'invention se tradui-
sirent dès l'adolescence par des essais littéraires de plusieurs genres. Un sentiment presque
maladif de la perfection arrêta la publication
de ces travaux.

Ils furent cependant connus, comme il est fré-
quent avec nos habitudes actuelles, d'un certain
nombre d'esprits curieux et autorisés.

Ces travaux littéraires témoignent d'un pouvoir de création, d'une capacité de construire la
vie, d'une faculté poétique de l'ordre le plus élevé.

Ne nous étonnons point de découvrir chez un
savant de telles qualités, elles sont la source
même de toutes les grandes œuvres scientifiques.
Nous les retrouvons chez un Lavoisier, qui écri-
vit une tragédie et des essais sur les mœurs
avant de se livrer aux investigations purement
scientifiques, chez un Claude Bernard, qui com-
posa des drames avant de poursuivre ses recherches de laboratoire, chez un Pasteur, qui, de
quinze à vingt ans, transcrivit, avec ses pastels,
sa vision de l'âme humaine.

M. de Passillé, qui vit travailler Quinton
durant cette période de sa vie, dit qu'il amassait
pour écrire des documents avec la conscience
d'un savant qui veut démontrer une vérité; il
épuisait la question.

Cette première méthode de travail, c'était celle de Flaubert lequel, raconte Maxime du Camp, lut et annota 36 volumes de vénerie pour écrire, dans la Légende de saint Julien l'Hospitalier, les trois pages relatives à la chasse de Julien.

Il est intéressant de noter cette conscience, cette minutie, dans la documentation. Nous retrouverons cette même probité de l'esprit dans la vérification des lois de constance.

La forme classique des essais littéraires de Quinton est encore à remarquer. Il y a une étroite parenté entre les procédés intellectuels de réduction à l'unité qui caractérise la manière de nos classiques et la méthode scientifique. Rien ne ressemble à la conduite d'une tragédie de Corneille ou de Racine comme celle d'une expérience de Lavoisier ou de Pasteur. Dans une époque où la mode était au pire romantisme retenons donc que les compositions de Quinton portaient l'empreinte de l'ordre et de la discipline.

Il n'est pas enfin jusqu'à cette répulsion à publier des œuvres appréciées par de bons critiques, ce parti pris de mépriser ses propres conceptions qui ne soit significatif.

Tant d'esprits métaphysiciens s'arrêtent avec complaisance au système qu'ils ont construit ! Il y a chez Quinton un sentiment critique qui ne lui permet pas de se contenter des mondes créés par son imagination.

Ce détachement intellectuel marque l'esprit physicien. Un savant est avant tout un poète, mais un poète assez sceptique, assez détaché de son propre lyrisme pour juger ses créations et pour les abandonner, si, de leur confrontation avec les faits, ne jaillit point leur valeur objective.

Un savant est un poète à *l'intelligence différenciée*. Dans une réponse à une enquête demeurée fameuse (*Enquête sur l'influence allemande*, publiée au *Mercure de France* par M. Morland), Quinton définit ce terme *d'intelligence différenciée*.

« Chez le Français, écrit-il, l'intelligence forme un organe différencié. Il y a scission absolue entre elle et la sensibilité. L'intelligence a le pouvoir de s'exercer seule, librement ; sa fonction est indépendante. La sensibilité peut être aussi vive que possible, avec tout son cortège de passions personnelles, ataviques, morales, systématiques ou religieuses ; jamais, chez les représentants supérieurs de la France, elle n'intervient dans l'exercice de l'intelligence. Les domaines sont tranchés. Tout, chez nos grands auteurs, écrivains ou hommes de science, en fait foi : sujets toujours limités au domaine qui leur est propre, la personnalité intime ou morale de l'auteur n'apparaissant jamais sous son œuvre ; effacement complet de cette personnalité derrière le sujet ou les faits dont il traite (exemple : Racine, Pasteur, rien dans leur œuvre ne pouvant révéler l'âme religieuse que les biographies nous font connaître) ; faculté d'aborder les domaines les plus voisins de la sensibilité sans que l'intelligence se départe jamais de son indépendance parfaite (Montaigne : « Je parle de moi comme d'un tiers, comme d'un arbre ») ; détachement de tout intérêt personnel (Claude Bernard à ses élèves : « Démolissez-moi »); passion exclusive de connaître ; doute constant des sytèmes les mieux établis, même par des travaux propres (Lamarck, de ses découvertes : leur « ressemblance à des vérités »); puissance critique et investigatrice toujours en éveil, la sensibilité comportant seule des états de certitude et d'arrêt.

« On conçoit les avantages qui résultent pour l'esprit au point de vue scientifique d'une pareille scission entre l'intelligence et la sensibilité : pas d'opinion préconçue, pas d'asservissement aux notions qui n'ont qu'un fondement traditionnel ou sentimental, impartialité et, par conséquent, minimum d'inexactitude dans l'observation ; pas d'obstination dans l'erreur ; parole laissée aux faits seuls ; conceptions générales tirées de leur seule nature ; seuls arrêts temporaires de l'intelligence sur des hypothèses fondées. »

Cette réponse à « l'enquête allemande » constitue un document capital. Non seulement elle nous renseigne d'une façon profonde sur la qualité de l'esprit qui l'a conçue ; mais elle nous livre le secret des intelligences créatrices. Chaque phrase démonte en quelque sorte le mécanisme de ces instruments cérébraux forgés pour penser et pour découvrir.

Les témoignages d'*intelligence différenciée* abondent dans les premiers travaux de notre auteur. Citons simplement ces quelques lignes, prises dans la préface d'un livre, qui fait, en quelque sorte, la liaison, le trait d'union entre les ouvrages purement littéraires de Quinton et ses études scientifiques :

« L'homme seul segmente de divisions la nature qui n'en connaît pas. Il lui choisit, pour la trancher, des caractères parmi les moins relatifs de sa connaissance et il en construit des systèmes. Les systèmes n'ont qu'un prix, ils sont le tableau simplifié de l'ignorance d'une époque... Des œuvres de pensée la stabilité est courte. La nouveauté dont elles dotent le monde porte en soi leur décrépitude... »

5

De telles phrases ne sont-elles pas à rapprocher de celles de Montaigne ou de Lamarck que nous venons de citer? Voilà la part française, ethnique de Quinton, et qui le prédestine.

Son détachement intellectuel lui permettra de remettre en discussion des vérités d'ordre psychologique ou biologique tenues pour les plus solidements établies. Il lui laissera la liberté de ne pas reculer devant la contrainte que les faits lui imposeront. Nous allons en avoir un premier exemple dans le travail dont nous avons cité la préface ; travail qui représente « un tournant » décisif dans l'histoire de cet esprit.

Quinton, étant de ceux, dont parle M. Barrès dans son Pascal, qui veulent que toutes les choses sur lesquelles s'arrêtent leur attention leur deviennent intelligibles, avait été amené à écrire une *science de la sensibilité*. C'est encore une preuve d'intelligence différenciée que de n'avoir pas hésité devant l'incompatibilité de ces deux mots. Il ne faut pas un grand détachement de soi-même pour distinguer les lois de la chute des corps, mais il faut une grande liberté intellectuelle pour entreprendre une critique vraiment objective de faits qui font aussi intimement partie de nous-mêmes que les phénomènes de sensibilité.

La sensibilité et ses satisfactions apparaissent

à la plupart des hommes comme la raison et comme le but de la vie. Notre existence est une chasse au bonheur. Le plaisir et la douleur semblent le terme de tous nos actes.

L'observateur plus pénétrant découvre que la sensibilité, loin d'être une fin, est un moyen. Elle conduit, comme dit Quinton, l'être vivant à des actes. Elle est l'avertisseuse qui oriente un organisme. Elle est comme le mors dans la bouche de la bête qui la fait virer à gauche et à droite. Le plaisir et la douleur, ces vieilles entités philosophiques, ne sont que des moyens pour entraîner, obliger à des actes voulus.

Ces actes sont ceux qui assurent la vie de l'individu ou de l'espèce. Songeons aux actes de sensibilité les plus connus, les mieux étudiés, à ceux qui ont fait de tous temps le sujet des littératures, aux passions de l'amour. Tous les psychologues ont dissocié le « plaisir d'amour » de la fin de cette passion qui est la reproduction de l'individu, la continuité de l'espèce.

Il en va de même dans tous les domaines de la sensibilité.

Cette analyse trop sèche et sans nuances ne montre dans l'auteur de *la Science de la sensibilité* qu'un esprit philosophique curieux de la dissociation des idées, et que des souvenirs de Schopenhauer semblent conduire. Il y a plus.

L'originalité de Quinton réside dans le fait qu'il s'attache à découvrir et à mettre dans toute son évidence *l'utilité* des actes finaux où nous conduisent le plaisir et la douleur.

Quinton tient la sensibilité pour quelque chose de tout à fait occasionnel, de momentané, de transitoire. Ses états fugitifs sont oubliés aussitôt que passés. Elle est le néant, au même titre qu'un coup de timbre qui a cessé de vibrer. L'acte *utile* où elle nous a conduit est au contraire l'important. Il est sa fin; sa durée est indéfinie. Toujours agissant il se répercute à travers l'espace et le temps. C'est l'enfant né de l'amour en qui la race se continue.

Cette façon de voir est l'inverse même du sentiment le plus commun, et dépasse en généralité la conception de Schopenhauer. Elle fait du concept de l'utile l'explication de tous les actes vitaux. Elle l'instaure en quelque sorte à la base du déterminisme universel.

« Ce qui est, dit Quinton, n'est que pour une suite. Tous les actes de la vie ont une extrémité; ils sont pour une utilité, qui est de vivre.»

Voici la clef qui va ouvrir à notre auteur les arcanes de la création.

Sans entrer dans la discussion de cette conception née de l'observation et purement empirique, constatons simplement quel aiguillon nouveau elle va être en mesure d'introduire dans les recherches scientifiques.

Elle restaure le concept de finalité proscrit de toutes les méthodes en honneur actuellement. Nos savants en effet ont pris l'habitude de sourire philosophiquement à l'idée que les choses pourraient être en vue d'une fin quelconque. Ils regardent une telle hypothèse comme un vice, une faiblesse de l'esprit, une tentation capable de nous induire en toutes les erreurs.

Le principe de causalité, celui qui conduit l'esprit à remonter d'un effet à sa cause, a seul gouverné la science depuis un siècle. Darwin et son école ont cherché à donner de la vie une explication purement causale; et cette méthode depuis lors a toujours été regardée comme la seule légitime, la seule scientifique.

Une méthode ne se juge pas en soi, mais selon ses résultats, selon sa fécondité. La méthode finaliste, maniée par les philosophes de l'école de Bernardin de Saint-Pierre, méritait son discrédit, à la fois par sa stérilité et par l'absurdité de ses conséquences. Ces philosophes, qui admettaient *a priori* que le monde avait été créé pour l'homme, plaçaient la finalité là où elle n'était pas.

La nouveauté féconde apportée par notre

auteur fut de placer la finalité là où elle était sans
conteste. Personne ne contestera en effet que la
vie vit et se perpétue. C'est donc, dit Quinton,
que l'être vivant porte en soi les moyens de vivre
et de se perpétuer. Principe et déduction réellement indiscutables. Pour notre auteur un acte
est un *moyen;* il n'est que pour une fin qui est
de vivre. Connaître un acte en lui-même n'est
rien. Sa connaissance n'est complète que lorsque
nous possédons la finalité qui le conditionne.

L'utilité qui est à la fin de tous les actes vitaux
apparaît ainsi à la base même de toute connaissance. Nous prétendons connaître une chose
qui est, mais nous ne connaissons réellement
rien de cette chose tant que son utilité n'a pas
été pénétrée.

Pour prendre une connaissance réelle des
phénomènes qui nous entourent Quinton s'attache à rechercher leur utilité. Le but, la finalité
des actes devient ainsi un principe, une méthode
de connaissance.

C'est l'esprit imbu de la légitimité de cette
méthode que Quinton va aborder, par une rencontre fortuite, mais que tout nécessitait dans
la psychologie de notre auteur, le domaine de la
science où ses découvertes ont marqué.

Quinton raconte lui-même, dans la conférence

à la Société de philosophie, déjà citée, que, dans l'été de 1895, alors que son esprit était hanté par la recherche de l'utilité de tous les actes vitaux, une vipère fut tuée devant lui.

Nous savons tous ce que sont les animaux hibernants; tous, au cours de nos promenades champêtres, il nous est arrivé de voir tuer quelques-uns de ces reptiles, qui passent une partie de l'année dans l'engourdissement et ne se réveillent qu'au printemps.

Notre auteur, comme tout le monde, avait vu bien des fois, dans un pays où les vipères abondent, tuer ces animaux, sans qu'aucune réflexion d'ordre général s'en suivît. Ce fut pourtant ce fait insignifiant qui le conduisit à toutes ses découvertes, — démonstration éclatante de la puissance d'une idée directrice !

« La vipère, dit-il, dans sa conférence, est un organisme à sang froid, c'est-à-dire, ayant simplement pour température celle du milieu extérieur. Elle est obligée, comme tous les reptiles, d'hiverner pendant la saison froide, parce que la température de cette saison n'est pas suffisamment élevée pour permettre à la cellule un haut fonctionnement. La vipère et tous les reptiles restent ainsi engourdis près de six mois de l'année. Cet engourdissement, auquel, comme tout le monde, j'avais songé bien souvent, m'étonna brusquement pour la première fois. *Je me dis que la nature n'avait pas dû créer des êtres pour dormir.* »

Une affirmation conçue en ces termes devait choquer les esprits habitués à regarder la méthode de causalité comme la seule ayant un caractère scientifique. Que venait faire dans une discussion méthodique cette idée de finalité, cette conception *a priori*, ou simplement cette réflexion de bon sens !

Les savants présents à la conférence se récrièrent. L'un d'eux, et non le moindre, affirma : « Ce n'est pas de la science ! »

Peut-être n'eût-ce pas été l'avis de Gœthe, ni celui de Pasteur, qui écrivait qu'au « début des recherches expérimentales l'imagination doit donner des ailes à la pensée ».

Toujours est-il que, devant cette vipère tuée au moment où elle entrait dans son sommeil hivernal, Quinton, le cerveau tourmenté par sa conception de *l'utile* et dégagé de préjugés à l'encontre des causes finales, vit d'un coup, à la manière de Cuvier, toute l'histoire du globe.

« Je me demandai, dit-il, si les reptiles ne répondaient pas à une époque du monde où la température était chaude et constante. La géologie et la paléontologie nous apprennent justement que les reptiles sont apparus à l'époque primaire et qu'à cette époque la température du globe était élevée et constante, les saisons n'ayant pas encore fait leur apparition.

« Les reptiles primitifs n'hivernaient donc pas. puisqu'il n'y avait pas d'hiver. Vivant par une haute température extérieure, leur activité devait être intensive et indiscontinue. Ma première pensée semblait recevoir déjà une sorte de confirmation.

« Tablant alors sur ce fait que les organismes à sang chaud, c'est-à-dire les mammifères et les oiseaux, n'apparaissent sur la planète qu'après les reptiles et dans les périodes de plus en plus froides, je me demandai si ces organismes à pouvoir calorifique n'avaient pas été créés en face du refroidissement du globe dans le but de maintenir leurs cellules dans un milieu artificiellement chaud qui leur permît une pleine activité, quelle que fût la température du milieu extérieur. »

Dans cette sorte de confession, nous saisissons sur le vif les diverses opérations intellectuelles qui ont conduit le savant à la découverte de sa loi de constance thermique et à l'édification de toute son œuvre ; cette loi devant entraîner plus

tard la conception de la loi générale de constance.

Une réflexion de bon sens déclique tout l'appareil de l'imagination. La finalité guide l'esprit
qui reconstruit le monde *a priori*. Les vérifica-
tions expérimentales suivent.

Quinton construit d'abord le monde biologique, puis explore, vérifie chacun des phénomènes qui constituent l'édifice. Le travail de
vérification s'exerce alors avec une minutie dans
les détails, une conscience, une indépendance
que conçoivent seuls les esprits tourmentés du
souci de la perfection et les intelligences libres.

Ce labeur nécessaire et sans lequel la science
ne serait pas, mais dont nos professeurs ont
voulu faire l'essentiel de la méthode, nous le
trouvons ici à sa place hiérarchique.

La lecture des faits n'est possible qu'à lumière
d'une hypothèse générale. La condition de toute
recherche est le plan que lui assigne d'avance
une intelligence visionnaire.

En face des faits nécessités par l'hypothèse,
faits invraisemblables dans l'état où ils trouvaient la science biologique et que nous avons
indiqués au cours de l'analyse des lois de constance, Quinton avoue avoir éprouvé bien souvent
une hésitation, un recul. Mais nous tenons de lui
qu'il a été poussé dans la voie qu'il suivit par

cette réflexion, cette idée conçue *a priori*, cette directive toute finaliste : « la vie n'a pu créer des êtres pour dormir. »

C'est là la particularité, la nouveauté, du procédé intellectuel de Quinton. Que vaut-il comme méthode ?

Un philosophe : M. J. Weber, examinant, dans la *Revue de métaphysique et de morale*, les théories biologiques de Quinton, dit qu'il voit dans sa méthode « le caractère spécifique du raisonnement biologique ».

Reprenons-en l'examen avec M. J. Weber. Cet auteur reconnaît avec nous qu'elle consiste à pousser jusqu'aux dernières limites les exigences d'une induction entièrement a priori avant de faire appel à l'expérience.

« Au début, écrit-il, un rapprochement lumineux se fait dans l'esprit du chercheur : les animaux à sang froid, dont la géologie atteste la prospérité, aux époques anciennes caractérisées par la haute température du milieu, pâtissent et disparaissent sur le globe refroidi ; les animaux à sang chaud, qui n'existaient pas aux époques anciennes, prospèrent sur le globe refroidi. Cette constatation élémentaire est l'unique base d'observation du système ; sur elle s'édifie l'hypothèse de la constance thermique, minutieusement construite dans tous ses détails, presque invraisemblable dans l'état où elle trouvait la science; les faits la confirment; aussitôt l'auteur en dégage le principe général de constance originelle d'où il redescend aux conceptions particulières de la constance marine et de la constance osmotique avec la même rigueur logique qui pose le problème sous sa forme la plus intransigeante pour que de la haute tension de l'idée jaillisse plus décisif l'éclair de l'expérience. »

Comme nous le rappelle fort à propos M. J. Weber, l'histoire des sciences offre dans le passé quelques exemples glorieux d'une aussi audacieuse méthode. Newton avait conçu *a priori* que la lune, projectile céleste tombant d'une chute sans fin, par une trajectoire fermée, — l'orbite qu'elle décrit autour de la terre, — subit l'influence de la pesanteur diminuée en raison du carré de la distance : tous ses calculs étaient faits avant qu'il en essayât aucune application; lorsqu'il en vint à la consultation de la réalité, celle-ci parut tout d'abord le démentir : il avait accepté, pour la valeur du rayon terrestre, la quantité fausse qu'enseignait la science de son temps; ce ne fut que plus tard, lorsqu'il connut le résultat des mesures entreprises par Richer, qu'il constata la parfaite concordance de sa théorie avec les faits.

M. J. Weber rapporte encore le cas de Fresnel qui, ayant formulé à priori l'hypothèse des ondulations lumineuses, se vit objecter par Poisson que si ses idées étaient exactes elles aboutiraient à ce résultat absurde que la combinaison de deux lumières pourrait faire de l'ombre. Fresnel, loin de reculer devant l'absurdité apparente de sa pensée, tenta aussitôt l'expérience et réalisa cette chose qui semblait monstrueuse : les interférences.

C'est l'aventure de Quinton à Saint-Vaast-la-Hougue. Les maîtres de la science l'avertissent des invraisemblances que nécessitera l'hypothèse de constance marine dès qu'on passera de l'analyse des invertébrés marins aux invertébrés d'eau douce. Il entreprend aussitôt sur les écrevisses la série d'expériences qu'il considère comme probantes et les faits tenus pour invraisemblables viennent confirmer sa théorie. Il en alla de même lors de l'expérience entreprise sur les globules blancs, lors de la vérification de l'échelonnement des espèces d'après leur température, lors de la vérification de la loi de constance osmotique.

M. J. Weber fait très justement remarquer à l'appui de la méthode suivie par Quinton que si, dans ces circonstances les faits donnèrent aux théories toute leur valeur de vérité, les théories avaient conféré aux faits prévus toute leur précision de réalité. Et c'est de quoi prouver la valeur de la conception conçue à priori, parlons net : de l'imagination, des dons lyriques analogues à ceux du poète visionnaire, dans la recherche des vérités scientifiques.

Mais ce n'est pas là le point le plus nouveau et le plus caractéristique de la méthode. Quinton est loin de s'astreindre, comme les méthodologistes le recommandent, à s'interroger uniquement sur le *comment* des choses de la vie. Il recherche leur *pourquoi*.

L'école de savants en honneur aujourd'hui se contente de l'explication mécaniste du monde, et va même jusqu'à poser en principe qu'elle est la seule vraiment scientifique. C'est comme si nous nous contentions devant des hiéroglyphes d'en admirer la forme, le dessin, sans chercher à en pénétrer le sens. Les phénomènes sont comme les hiéroglyphes, ils ont une forme et un sens. Les savants ne se préoccupaient que des formes, en réalité le sens seul est intéressant scientifiquement parlant.

Quinton entre dans la science avec la conviction « que nous ne connaissons rien d'une chose tant que son utilité n'a pas été pénétrée ». Il ne s'intéresse point aux explications purement causales. Peu lui importent les procédés par lesquels l'écrevisse ou le chien maintiennent la composition marine de leur milieu vital ; et en effet, il pourrait y avoir mille mécanismes propres à assurer le maintien de ce milieu ; mais il y a quelque chose d'unique, c'est ce maintien. Le mécanisme qui aurait retenu la plupart des physiciens lui demeure donc indifférent. Ce qui pique sa curiosité est de prévoir ce que la vie a dû faire en vue de son intérêt le plus élevé, puis de le vérifier.

C'est dans cette disposition intellectuelle, si éloignée de l'état d'esprit prescrit par l'école, que M. Weber voit « le propre du raisonnement biologique, car, dit-il, ce qui rend intelligibles les phénomènes de la vie, ce n'est point la cause qui les détermine, les circonstances qui les conditionnent, mais la fin qui les motive.

« La formule de Lamarck : la fonction crée l'organe, n'est féconde que si on lui donne cette interprétation.

« Claude Bernard, alors qu'il créait la chimie biologique en soumettant au déterminisme des faits qui semblaient lui donner si peu de prise, laissa tomber cette lumineuse parole : « Le mystère de la vie ne réside pas dans la nature des forces qu'elle met en jeu, mais dans la direction qu'elle leur donne. »

Pour M. Weber, c'est de ce point de vue

que nous apercevons la véritable *personnalité* de la science biologique. « Elle cherche à discerner la finalité, comme la physique la causalité ; mais non cette finalité métaphysique d'où l'on tire des attendrissements sur « les harmonies de la nature », une finalité étroite, attentive, où les faits s'orientent en séries inverses des séries causales, où tout s'éclaire d'un mutuel reflet, où tout est rigoureux, coordonné, scientifique ».

Les lois de constance formulées par Quinton sont des lois de finalité ; elles ont marqué leur empreinte sur la nature par des découvertes, elles ont reculé les bornes de notre ignorance.

Apportant une conception nouvelle de la vie, fondée sur l'observation la plus rigoureuse, entraînant des conséquences capitales dans tous les domaines de la connaissance, féconde jusque dans ses applications pratiques, procédant d'un tour d'intelligence qui mérite d'être érigé en méthode, l'œuvre que nous venons d'analyser se classe d'elle-même. Du temps et de l'expérience elle attend sa consécration.

Poitiers. — Imprimerie du MERCVRE DE FRANCE (Blais et Roy).

LES HOMMES ET LES IDÉES

Cette nouvelle Collection : *Les Hommes et les Idées*, est une œuvre de vulgarisation, dirions-nous, si ce mot, dont on a tant abusé, n'était suspect. Cependant, il n'en est pas d'autre, peut-être, qui la qualifie exactement, pourvu qu'on le prenne dans son sens le plus élevé et le plus général.

Mettre à la portée de tous, dans un format commode et à un prix minime, la connaissance précise des hommes et des idées d'aujourd'hui, et même d'hier, tel est en effet notre but.

Sans prétendre à l'universalité, notre domaine sera des plus étendus : les lettres, les sciences, l'histoire, la philosophie et toutes les études variées leur servant de base, enfin tout ce qui peut intéresser celui qui cultive son intelligence et veut se tenir au courant du mouvement intellectuel.

Le lecteur, auquel nous faisons appel, se formera en même temps et à peu de frais une petite bibliothèque utile et d'intérêt durable.

Pensant que beaucoup de personnes désireront recevoir, au fur et à mesure de leur publication et sans avoir à les commander, les ouvrages de la Collection *Les Hommes et les Idées*, nous avons établi un abonnement par séries de douze (de 1 à 12, de 13 à 24, etc.), aux prix suivants

France........ 7 fr. 50 · Etranger........ 8 fr.

Poitiers. — Imprimerie du MERCURE DE FRANCE (Blais et Roy).

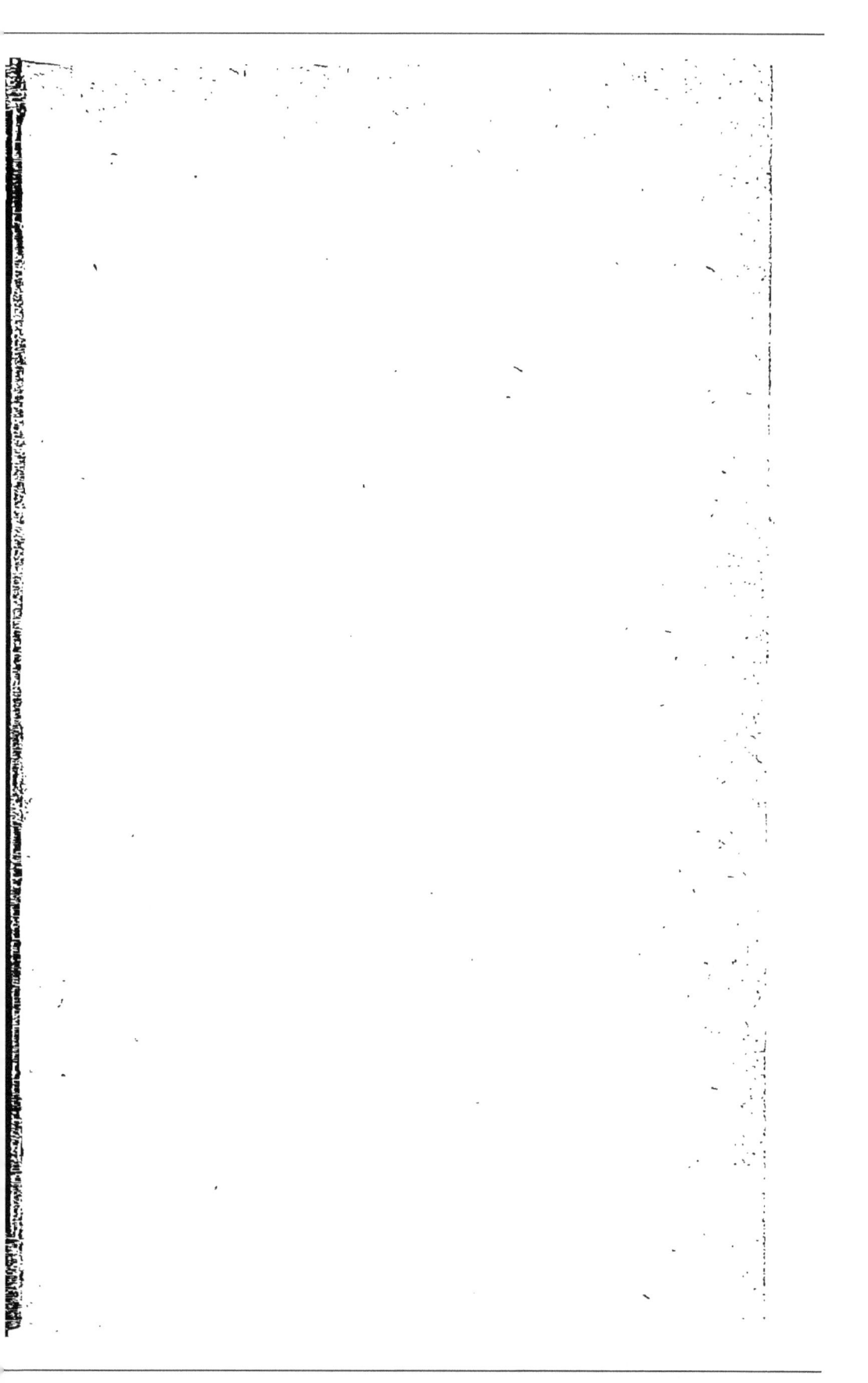

www.ingramcontent.com/pod-product-compliance
Lightning Source LLC
Chambersburg PA
CBHW050624210326
41521CB00008B/1381